MATH ON
MY MIND

EVERY MINUTE
COUNTS
Cada Minuto Cuenta

Bilingual Edition English-Spanish | Edición bilingüe inglés-español

Karen Clopton-Dunson

EZ Readers lets children delve into nonfiction at beginning reading levels. Young readers are introduced to new concepts, facts, ideas, and vocabulary.

EZ Readers permite que los niños se adentren en la no ficción en los niveles iniciales de lectura. Los lectores jóvenes son introducidos a nuevos conceptos, hechos, ideas y vocabulario.

Tips for Reading Nonfiction with Beginning Readers
Consejos para leer no ficción con lectores principiantes

- Begin by explaining that nonfiction books give us information that is true.
- Comience explicando que los libros de no ficción nos dan información verdadera.
- Most nonfiction books include a Contents page, an index, a glossary, and color photographs. Share the purpose of these features with your reader.
- La mayoría de los libros de no ficción incluyen una página de Contenido, un índice, un glosario y fotografías en color. Comparta el propósito de estas características con su lector.

- The **Contents** displays a list of the big ideas within the book and where to find them.
- **El Contenido** muestra una lista de las grandes ideas dentro del libro y dónde encontrarlas.
- An **index** is an alphabetical list of topics and the page numbers where they are found.
- Un índice es una lista alfabética de temas y los números de página donde se encuentran.
- A **glossary** contains key words/phrases that are related to the topic.
- Un glosario contiene palabras clave o frases relacionadas con el tema.
- A lot of information can be found by "reading" the **charts** and **photos** found within nonfiction text.
- Se puede encontrar mucha información al "leer" los cuadros y las fotos que se encuentran en el texto de no ficción.

With a little help and guidance about reading nonfiction, you can feel good about introducing a young reader to the world of *EZ Readers* nonfiction books.

Con un poco de ayuda y orientación sobre la lectura de no ficción, puede sentirse bien al presentar a un joven lector al mundo de los libros de no ficción de *EZ Readers*.

First Edition, 2020.

Author/Autor: Karen Clopton-Dunson
Designer/Diseñador: Ed Morgan

Names/credits:
Title: Every Minute Counts Cada Minuto Cuenta / by Morgan Brody
Description: Hallandale, FL : Mitchell Lane Publishers, [2020]

Series: Math on My Mind

Library bound ISBN: 9781680205459
eBook ISBN: 9781680205466

EZ Readers is an imprint of Mitchell Lane Publishers

Bilingual Edition English-Spanish
Edición bilingüe inglés-español

Photo credits: Getty Images, Freepik.com, Shutterstock.com

CONTENTS
CONTENIDO

Maya is learning to tell time
in school.
Her teacher shows the class
a clock.

Maya está aprendiendo a decir
la hora en la escuela.
Su maestra muestra a la clase
un reloj.

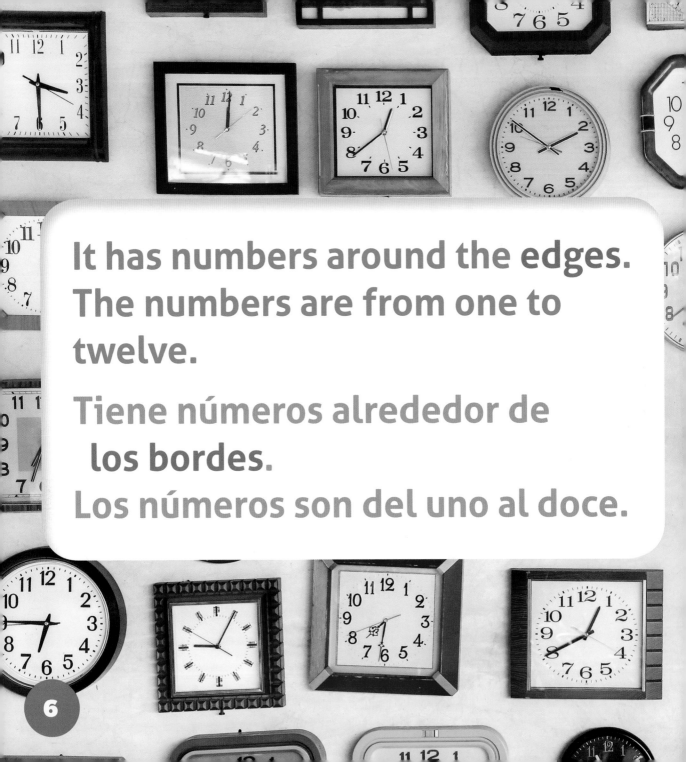

It has numbers around the **edges.**
The numbers are from one to twelve.

Tiene números alrededor de los **bordes.**
Los números son del uno al doce.

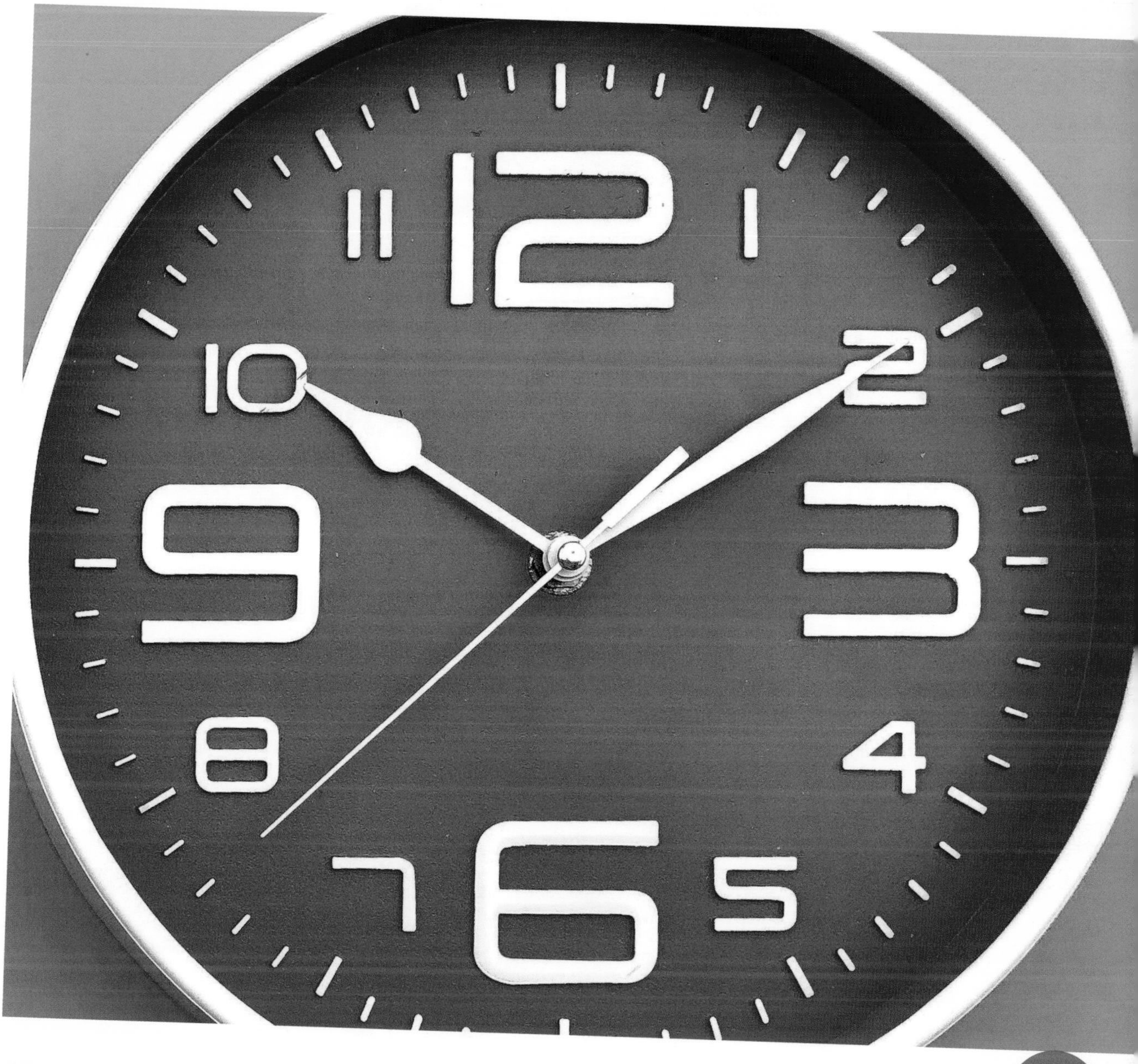

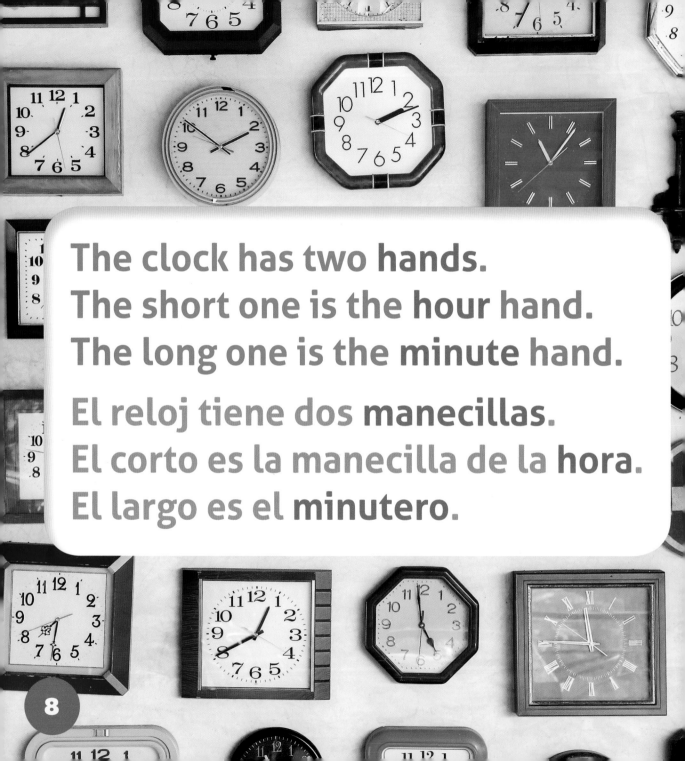

The clock has two **hands**.
The short one is the **hour** hand.
The long one is the **minute** hand.

El reloj tiene dos **manecillas**.
El corto es la manecilla de la **hora**.
El largo es el **minutero**.

8

Maya's teacher moves the hour hand to the twelve.
The minute hand is on the twelve too.
That means it is twelve o'clock.
"That's lunch time!" shouts Maya.

La maestra de Maya mueve la manecilla de las horas a las doce.
La manecilla de los minutos está en los doce también.
Eso significa que son las doce en punto.
"¡Eso es la hora del almuerzo!" Grita Maya.

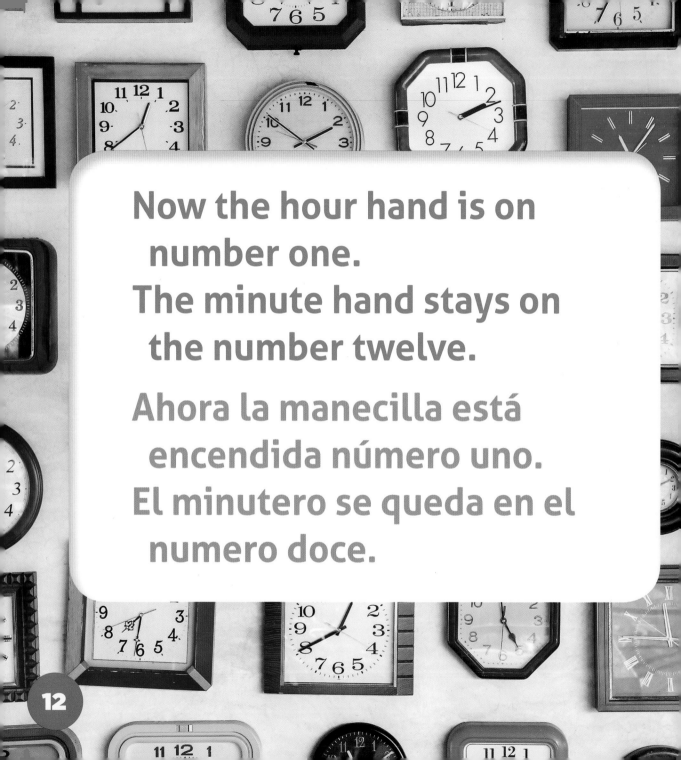

Now the hour hand is on number one.
The minute hand stays on the number twelve.

Ahora la manecilla está encendida número uno.
El minutero se queda en el numero doce.

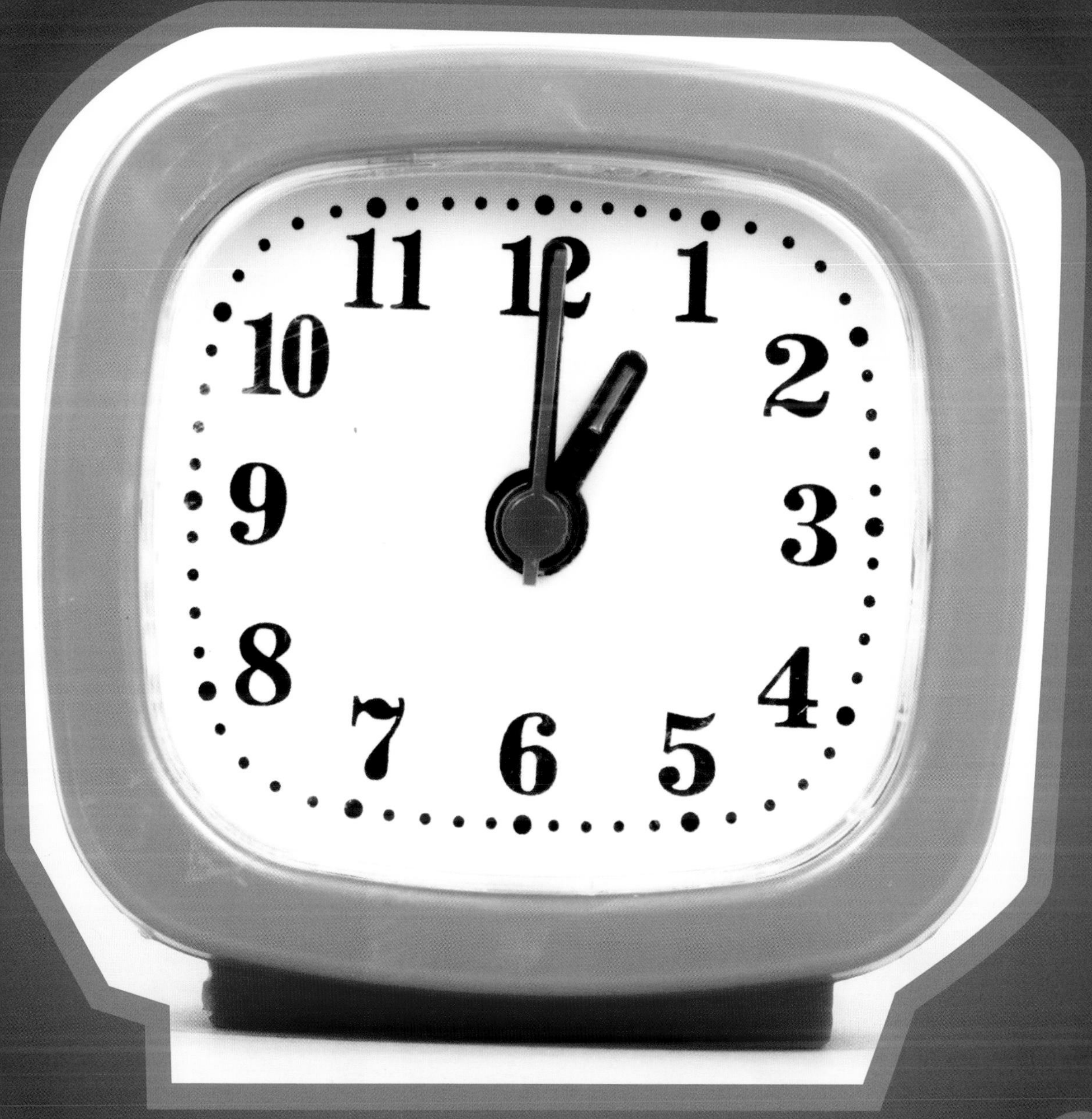
11
12
1
10
2
9
3
8
4
7
6
5

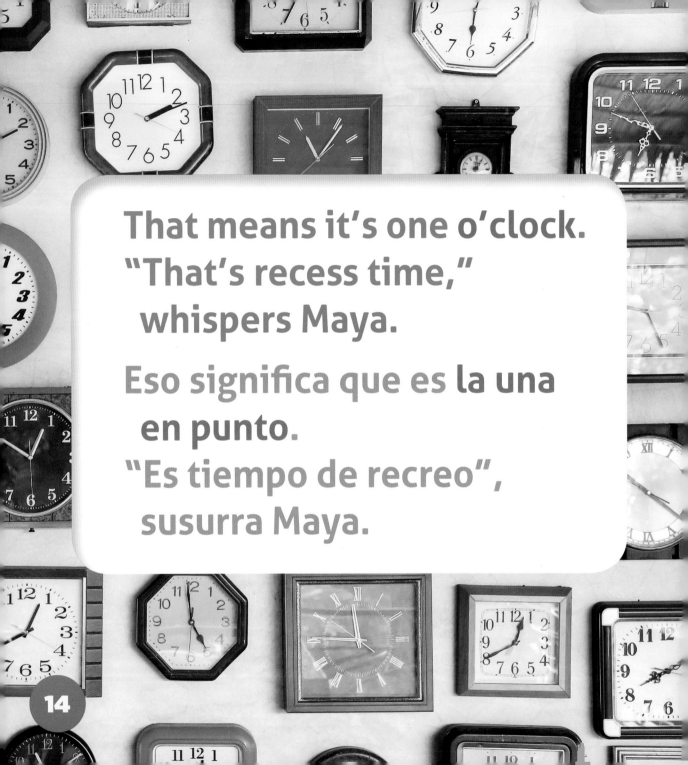

That means it's one o'clock.
"That's recess time,"
whispers Maya.

Eso significa que es la una
en punto.
"Es tiempo de recreo",
susurra Maya.

Maya's teacher moves the hour
  hand to the number two.
The minute hand points to the six.

La maestra de Maya mueve la
  manecilla de la hora al número dos.
El minutero apunta a los seis.

The minute hand is half way around the clock.
That is a **half hour** or 30 minutes past two.
"That is 2:30 and time for home," says Maya.

La manecilla de los minutos está a la mitad del reloj.
Eso es **media hora** o 30 minutos después de las dos.
"Eso es a las 2:30 y es hora de ir a casa", dice Maya.

We put on our coats in sixty seconds.
Sixty seconds is one **minute**.
Time to go!

Nos ponemos nuestros abrigos en sesenta **segundos**.
Sesenta segundos es un **minuto**.
¡Hora de irse!

Tick Tock Activities
Actividades de Tick Tock

- Help your child understand the concept of time. Set a timer while your child laces his/her shoes, puts away toys or reads a short book. Discuss how many minutes or seconds it took for the task to be completed.
  Ayude a su hijo a entender el concepto del tiempo. Establezca un temporizador mientras su hijo ata sus zapatos, Guarda juguetes o lee un libro corto. Discuta cuántos minutos o segundos le tomaron a la tarea a completar.

- Using a crayon and a paper plate, let your child print the numbers 1-12 around the edge of the paper plate. Trace and cut out two arrows from construction paper. Then attach the arrows in the center of the clock with paper fasteners. Help your child practice telling time by the hour and half hour.
  Con un crayón y un plato de papel, deje que su hijo imprima los números del 1 al 12 alrededor del borde del plato de papel. Traza y recorta dos flechas del papel de construcción. Entonces adjunte el Flechas en el centro del reloj con sujetadores de papel. Ayude a su hijo a practicar contando el tiempo La hora y media hora.

- Print various times such as: one o'clock, two o'clock, three o'clock, etc. onto labels. Ask your child to move the hands of the clock to match the times on the labels.
  Imprima varias veces, por ejemplo: las una, las dos, las tres, etc. en las etiquetas. Pídale a su hijo que mueva las manecillas del reloj para que coincida con los horarios de las etiquetas.

- Have the child move the hands on the clock as you give time commands.
  Haga que el niño mueva las manecillas del reloj mientras le da órdenes de tiempo.

- Go on a Movie Theater website. Have your child select their favorite movie and the show times. Let him move the hands on the clock to display the show time.
  Ir a un sitio web de cine. Haga que su hijo seleccione su película favorita y los horarios de los shows. Deje que mueva las manecillas del reloj para mostrar la hora del espectáculo.

Glossary Glosario

clock A device that shows the time
reloj Un dispositivo que muestra la hora

edges The line or part where an object or area begins or ends
bordes La línea o parte donde un objeto o área comienza o termina

hand A long, thin part that points to a number on a clock or dial
mano Una parte larga y delgada que apunta a un número en un reloj o esfera

half hour 30 minutes
media hora 30 minutos

hour One of the 24 equal parts of a day: 60 minutes
hora Una de las 24 partes iguales de un día: 60 minutos

minute A unit of time equal to 60 seconds
minuto Una unidad de tiempo igual a 60 segundos

o'clock According to the clock — used when the time is a specific hour
en punto Según el reloj: se utiliza cuando la hora es una hora específica

seconds A unit of time that is equal to 1/60 of a minute
segundos Una unidad de tiempo que es igual a 1/60 de un minuto

Further Reading Otras Lecturas

Carle, Eric. *Tell Time with the Very Busy Spider*. October 2006.

Gilori, Debi. *What's the Time, Mr. Wolf?* October, 2012.

Hutchins, Hazel. *A Second is a Hiccup.* March 2007.

Litton, Jonathan. *What's the Time, Clockodile?* March 2015.

Wells, Robert E. *How Do You Know What Time It Is?* January 2002.

On the Internet En Internet

Free Online Telling Time Games | Education.com
https://www.education.com/games/time/

Time Travel Game—Learn to Tell Time—ABCya!
www.abcya.com/telling_time.htm

Time/Clocks—Interactive Sites
interactivesites.weebly.com/timeclocks.html

Index Índice

About the Author Sobre el Autor

Karen Clopton-Dunson has taught kindergarten and Head Start in the Chicago Public Schools. Helping children have fun learning math concepts is her reason for writing this book. She has worked as a book reviewer and a freelance illustrator. She currently lives in the Chicagoland area.

Karen Clopton-Dunson ha sido maestra de kindergarten y Head Start en Las Escuelas Públicas de Chicago. Ayudando a los niños a divertirse aprendiendo Los conceptos matemáticos son su razón para escribir este libro. Ella ha trabajado Como crítico de libros e ilustrador freelance. Actualmente vive en El área de Chicagoland.